Charles Martins

Une Fête de la Science dans la Haute-Engadine

Récit

 Le code de la propriété intellectuelle du 1er juillet 1992 interdit en effet expressément la photocopie à usage collectif sans autorisation des ayants droit. Or, cette pratique s'est généralisée dans les établissements d'enseignement supérieur, provoquant une baisse brutale des achats de livres et de revues, au point que la possibilité même pour les auteurs de créer des œuvres nouvelles et de les faire éditer correctement est aujourd'hui menacée. En application de la loi du 11 mars 1957, il est interdit de reproduire intégralement ou partiellement le présent ouvrage, sur quelque support que ce soit, sans autorisation de l'Éditeur ou du Centre Français d'Exploitation du Droit de Copie , 20, rue Grands Augustins, 75006 Paris.

ISBN : 978-1542607346

10 9 8 7 6 5 4 3 2 1

Charles Martins

Une Fête de la Science dans la Haute-Engadine

Récit

Table de Matières

Introduction   6

I. — La session de Samaden.   12

II. — Travaux de la société helvétique des sciences naturelles.   28

Introduction

Quarante-septième réunion de la Société helvétique des sciences naturelles à Saumura, canton des Grisons.

À l'extrémité orientale de la Suisse, sur les confins du Tyrol et de la Haute-Italie, s'étend une longue vallée que l'Inn parcourt dans toute sa longueur. *Vallis in capite OEni*, disaient les anciens : de là Ingiadina et enfin Engadine, comme on dit aujourd'hui. La partie supérieure de la vallée, large et évasée, est élevée en moyenne de 1,650 mètres au-dessus de la mer ; elle prend le nom de Haute-Engadine, et se termine vers le sud au passage du Maloya, dont l'altitude est de 1,835 mètres. Ce col conduit directement en Italie par Chiavenna et les bords du lac de Côme. Au nord, la Haute-Engadine se continue avec la Basse-Engadine ; celle-ci aboutit aux gorges de Finstermünz en Tyrol, où l'Inn coule encore sous le pont de Saint-Martin, à 1,020 mètres au-dessus de la mer. L'Engadine est la plus élevée des grandes vallées de la Suisse qui soit habitée pendant toute l'année.

Issue du puissant massif des Alpes qui donne naissance aux deux grands fleuves de l'Europe moyenne, le Rhône et le Rhin, l'Inn devrait porter le nom du Danube, car celui-ci n'est d'abord qu'une faible rivière née dans la cour d'un château princier, sur les humbles collines du versant méridional de la Forêt-Noire ; mais dans les plaines de la Bavière il s'unit à la puissante fille des Alpes. Désormais l'Inn portera le nom de celui dont elle fait la grandeur, et leurs eaux confondues formeront le large fleuve dont les trois embouchures versent dans la Mer-Noire les eaux de soixante affluents. À sa source, l'Inn, émissaire d'un petit lac du Septimer, se précipite le long des pentes du Maloya ; alimentée par les eaux provenant des glaciers voisins, elle traverse les jolis lacs de Silz, de Silva-Plana et de Saint-Maurice, encadrés dans un gazon court et fin d'une incomparable verdure. Les lacs sont séparés l'un de l'autre par les moraines des anciens glaciers qui jadis descendaient dans la vallée de l'Inn. Composées d'énormes blocs amenés des montagnes voisines et entassés les uns sur les autres, ces moraines ont créé les lacs en barrant le cours du jeune fleuve. Avec le temps, ces digues,

Charles Martins

élevées par la glace, se sont couvertes de mélèzes et d'airolles (*pinus cembro*), les seuls arbres qui puissent vivre encore sous ce climat, trop âpre pour les pins et les sapins du nord ; sous leur ombrage croissent les myrtilles, les airelles, quelques saules et chèvrefeuilles alpins. La belle végétation qui entoure les blocs monstrueux descendus des cimes du Bernina finit par les envahir eux-mêmes. Les lichens et les mousses commencent l'attaque ; ils se fixent sur la pierre, qu'ils désagrègent en s'y incrustant ; des graminées germent sur le terreau formé par les éléments dissociés de la roche mélangés avec l'humus, résultat de la décomposition des débris qu'ont laissés les premiers colons. De petites herbes annuelles poussent les premières sur ce nouveau sol, puis des plantes vivaces, ensuite des arbustes, enfin des arbres. Souvent on voit un groupe de pins ou de mélèzes couronnant un énorme monolithe de granit. C'est l'œuvre du temps : il a changé l'aride moraine en une forêt pittoresque. Que de siècles il a fallu pour cette transformation ! L'été est si court, la croissance des arbres est si lente, car en Engadine l'hiver dure huit mois. La neige, tourbillonnant des journées entières dans les airs, s'entasse à la hauteur de 2 ou 3 mètres. Le thermomètre descend à 20 et même à 30 degrés au-dessous de zéro ; la vallée tout entière reste ensevelie pendant la moitié de l'année sous un épais linceul qui s'étend sur les lacs glacés, nivelle les aspérités du sol, et condamne à une réclusion complète les animaux et souvent les hommes eux-mêmes. En mai, la neige commence à fondre : toutefois ce n'est qu'à la fin de juin qu'elle disparaît du fond de la vallée, tandis qu'elle couvre encore toutes les sommités voisines ; mais alors les prairies, délivrées de cette neige qui les a protégées contre le froid en hiver et arrosées au printemps, rient au soleil et s'émaillent des premières fleurs alpines. Les mélèzes poussent des houppes de feuilles du vert le plus tendre, l'airelle relève ses branches affaissées sous le poids des frimas et dresse vers le ciel ses cônes violacés. Les vaches s'acheminent lentement vers les pâturages alpins, les grands troupeaux de moutons bergamasques montent vers la montagne : l'été est enfin venu ; malheureusement la durée en est bien courte. Jamais l'air ni le sol ne tiédissent complètement : les rayons du soleil, plus chauds et plus brillants que dans la plaine, activent la végétation pendant le jour ; mais la nuit le thermomètre redescend toujours aux environs de zéro, et la végétation s'arrête. Pendant ces trois mois d'été, la prairie n'est fauchée qu'une seule fois, et l'orge ou le seigle, qu'on cultive sur des terrasses exposées au midi, mûrissent à peine leurs maigres épis.

Six mois de neige et de glace, trois mois de pluie ou de froid et trois mois d'un été sans chaleur, tel est le climat de la Haute-Engadine. Une coupe de foin, un peu d'orge et de seigle, du bois qu'il faut ménager précieusement, tant il croît lentement, telles sont les ressources indigènes. Le voyageur qui descend des sommets du Juliers s'attend à trouver une de ces hautes vallées habitées quelques mois de l'année seulement. Dans ces vallées alpines, on ne voit guère que des chalets épars ou des villages d'été dont les maisons de bois, brunies par le temps, serrées les unes contre les autres et appuyées à la montagne, semblent vouloir se réchauffer mutuellement. À Silva-Plana, l'étonnement commence ; un beau village est assis entre deux lacs ; de grandes maisons en pierre blanche entourées de jardins, habitées chacune par une seule famille, bordent la route. Une exquise propreté, une apparence de bien-être annoncent l'aisance des habitants. Le voyageur descend la vallée sur une route magnifique, il aperçoit un grand établissement de bains situé sur les bords du second lac, arrive à Saint-Maurice, composé en partie d'hôtels à l'usage des baigneurs, traverse le joli village de Celerina, et atteint enfin le bourg de Samaden, le plus considérable de la vallée. — Ici son étonnement redouble. Dans la Suisse protestante, où les villages sont si beaux et si propres, il n'en est point de comparable à celui de Samaden, ni à tous ceux qui lui succèdent, Bevers, Sutz, Scanfs et Ponte. Quelle est l'origine de cette prospérité inouïe dans une vallée alpine qui ne produit rien ? L'industrie. L'Engadine compte peu d'habitants sédentaires ; la plupart émigrent, ils vont à l'étranger exercer les professions de confiseurs, pâtissiers, cafetiers ; leur fortune faite, ils reviennent dans leur vallée, chacun dans le village qui l'a vu naître, construisent une belle maison et la meublent suivant le goût du pays où ils ont acquis la richesse. En entrant dans ces comfortables demeures, vous retrouvez les usages et les habitudes de la ville où le propriétaire a passé les années laborieuses de sa vie. L'aisance est générale dans cette heureuse vallée. Un savant genevois, assistant à l'office divin dans le temple de Bevers, s'étonne de ne point entendre prononcer la prière pour les pauvres qui termine la

Charles Martins

liturgie i protestante : l'office s'achève, et l'on ne fait pas de quête ; il s'informe et apprend qu'il n'y a point de pauvres en Engadine ; il est donc inutile de prier et de quêter pour eux.

Parlant toutes les langues de l'Europe, les habitants de l'Engadine ne sont point restés étrangers au mouvement intellectuel du siècle, et ces industriels, ces commerçants, désormais retirés des affaires, ont sollicité l'honneur de recevoir en 1863, au milieu d'eux, la *Société helvétique des sciences naturelles*. Ils ont compris que les lettres, les sciences et les arts sont la vraie gloire de l'humanité, la seule dont l'avenir avouera l'héritage ; ils ont voulu s'honorer eux-mêmes en offrant l'hospitalité à de modestes savants accourus de la Suisse, de l'Italie et de l'Allemagne, pour se communiquer réciproquement le résultat de leurs travaux dans le domaine des sciences physiques et naturelles.

L'origine de la Société helvétique remonte à 1815. Genève, rendue à la liberté, venait d'entrer dans la confédération. Des sociétés locales existaient déjà dans les cantons ; un médecin genevois, Gosse, correspondant de l'Académie des sciences de Paris, conçut la pensée d'une association qui réunirait tous les naturalistes de la Suisse. Il leur adresse l'invitation de se trouver le A octobre à Genève ; trente-cinq personnes seulement répondent à son appel. Il ne se décourage pas. Les premières conférences eurent lieu dans le salon de la Société de physique et d'histoire naturelle, où les bases des statuts de l'association furent définitivement arrêtées ; mais le 6 octobre Gosse convoque les naturalistes à sa maison de campagne, située sur le territoire savoisien, derrière la montagne du Petit-Salève, près du village de Mornex. Au haut d'un monticule semé de blocs erratiques descendus du Mont-Blanc, en face de ce colosse de la chaîne des Alpes et en vue du lac Léman, sont les ruines d'un ancien château féodal. Sur ces ruines s'élève un pavillon dont le toit est soutenu par huit colonnes. Le buste de Linné est au milieu de la rotonde ; ceux des grands naturalistes de la Suisse, Haller, Bonnet, Rousseau et de Saussure, sont rangés autour de lui. Gosse, homme d'initiative et d'enthousiasme, adresse à ses concitoyens le discours suivant ; je le transcris tout entier, c'est un curieux spécimen du style et des idées de l'époque. « Sublime intelligence qui as été, qui es et qui seras ! cause première de tout ce qui existe, toi qui t'occupes sans cesse du bonheur de toutes tes créatures, daigne recevoir mes hommages et ma profonde reconnaissance pour avoir conservé jusqu'à ce jour de félicité ma frêle existence. Accorde à cette réunion d'hommes instruits ta précieuse bénédiction, et fais que chacun de ces savants ait dans ses travaux le succès auquel il aspire. Et toi, illustre et immortel Linné, dont l'âme sans doute plane sur cette intéressante assemblée, puisse le feu de ton génie universel se répandre sur chacun de nous en particulier ! En plaçant ton buste avec celui des quatre grands hommes qui nous environnent, dans ce temple que j'ai érigé à la bonne nature, puissions-nous tous être électrisés par les lumières que tu as répandues ! Plongés dans l'admiration des œuvres inimitables de ce grand créateur, pénétrés de zèle et de persévérance dans nos travaux, puissions-nous les rendre utiles à la commune patrie ! »

L'émotion de l'orateur se communique aux assistants ; en présence du spectacle grandiose des Alpes et du lac Léman, le souvenir des séances tenues à la ville s'efface, l'image du poétique pavillon de Mornex reste gravée dans la mémoire de tous, et devient pour eux le véritable berceau de la société naissante. C'est là qu'elle naquit, la tradition le veut, et c'est là qu'elle fêtera dans deux ans le cinquantième anniversaire de sa fondation. Aujourd'hui Mornex fait partie du département de la Haute-Savoie, et (je m'en réjouis pour mon pays) cet anniversaire pacifique sera célébré en 1865 sur une terre désormais française. Il n'est point de savant qui ne partage ma satisfaction après avoir lu à la fin de cette étude l'analyse des travaux accomplis par la Société helvétique dans le domaine des sciences physiques et naturelles : elle est la première qui, voyageant chaque année, contribue ainsi à la diffusion des connaissances positives, semant des germes féconds à la surface du pays et popularisant les résultats de ses recherches dans des séances publiques, Depuis, d'autres sociétés ont suivi cet exemple : en France, la Société géologique, la Société botanique et le congrès des sociétés savantes ; en Angleterre, la *British association*) en Allemagne, la réunion annuelle des médecins et des naturalistes allemands ; en Italie, la société des *Scienziati italiani* ; en Scandinavie, celle des savants du Danemark, de la Suède et de la Norvège. Dans la Suisse, divisée en vingt-deux, petits cantons, où l'on parle quatre langues, le français, l'allemand, l'italien et le roman, la Société helvétique était un moyen de centralisation ; elle devait réunir, rapprocher, mettre en rapport direct les uns avec les autres des hommes occupés des mêmes études et tendant vers un même but : le progrès intellectuel, moral et matériel du pays. En Suisse, en Italie et en Scandinavie, c'est le besoin d'unité qui a créé ces sociétés nomades dont le lieu de réunion change tous les ans, mais dont l'esprit est le même. En France et en Angleterre, un besoin contraire les a fait naître ; la province essaie de réagir contre la prépondérance excessive de ces immenses capitales qui menacent d'absorber peu à peu toutes les forces vives d'une nation.

La constitution de la Société helvétique est fort simple. Pour être élus, les membres ordinaires doivent être nés en Suisse ou y remplir des fonctions publiques ; ils sont maintenant au nombre de huit cent neuf. Les étrangers ont le titre de membres extraordinaires ou honoraires. Les séances sont publiques. Depuis 1815, la Société helvétique s'est réunie quarante-sept fois. Jusqu'en 1828, elle visita successivement tous les chefs-lieux des cantons ; mais en 1829 la réunion eut lieu à l'hospice du Grand-Saint-Bernard, à 2,474 mètres au-dessus de la mer. Soixante et onze personnes jouirent de l'hospitalité du couvent, et inaugurèrent les observations météorologiques, que les religieux continuent depuis 1830 avec une persévérance dont la science a déjà recueilli les fruits. Des villes secondaires, telles que Winterthur, Porentruy, la Chaux-de-Fonds, Trogen, avaient sollicité l'honneur de posséder la société dans leurs murs ; mais jamais un village n'avait témoigné ce désir en acceptant les charges très réelles de ces réunions. Samaden est le premier : il s'est fait un titre de sa situation à l'extrémité de la Suisse et dans une des vallées les plus élevées de ses montagnes. Son appel a été entendu. Tous les villages de la Haute-Engadine s'étaient associés à celui de Samaden pour donner l'hospitalité aux membres de la société, et quel que fût le nombre des arrivants, la vallée était prête à les recevoir. Cent vingt-six seulement se présentèrent, savoir : quatre-vingt-quinze Suisses, seize Allemands, quatorze Italiens et un Français, celui qui écrit ces lignes. Le milieu de juillet avait été pluvieux. Le bruit s'était répandu qu'en Engadine cette pluie, tombant à l'état de neige, avait couvert le sol d'une couche de deux pieds d'épaisseur. La nouvelle était exacte ; mais cette neige récente devait ajouter un charme de plus à ce paysage alpin. Lorsque je descendis du haut du Juliers le 23 août avec mes amis Vogt et Desor, la neige était fondue dans la vallée. L'herbe, récemment humectée, avait repris sa fraîcheur printanière. Les massifs élevés des montagnes n'étaient plus maculés par ces lambeaux de glaciers et de névés salis par la poussière, aspect caractéristique de l'automne dans les hautes régions. Une couche de neige blanche, immaculée, resplendissant au soleil, enveloppait de ses replis toutes les cimes supérieures à la limite des forêts. Le groupe du Bernina étincelait comme un diamant au-dessus des lacs aux teintes d'émeraude. Ce spectacle absorbait toute notre attention lorsque nous arrivâmes à l'entrée de Samaden. Déjà nous avions passé sous les arcs de verdure dressés aux portes de Saint-Maurice et de Celerina ; celui de Samaden portait le drapeau des ligues grises, gris, bleu et blanc, et le drapeau fédéral, rouge avec la croix blanche au milieu. Le village avait un air de fête ; partout des guirlandes, les drapeaux français, italiens, allemands, flottaient aux fenêtres, ornées de magnifiques fleurs élevées comme dans une serre entre les doubles vitrages qu'on laisse en place pendant toute l'année. En arrivant, des commissaires nous assignaient notre logement ; un hôte empressé recevait le naturaliste qui lui était adressé, et la cordialité de l'accueil était telle que chacun croyait rentrer dans un *home* nouveau créé par l'hospitalité. Le soir, tous les arrivants se réunirent à l'hôtel Bernina. D'anciens amis se retrouvaient avec bonheur, des hommes qui se connaissaient par leurs travaux, mais n'avaient d'autre point de contact que l'amour de la science, se liaient étroitement en quelques heures.

I. — La session de Samaden.

La séance d'ouverture eut lieu le lendemain, 24 août, dans l'église de Samaden. Le fût des colonnes était entouré de guirlandes, des échantillons de minéralogie couvraient les piédestaux, la croix fédérale brillait au-devant de la chaire, convertie en corbeille de fleurs : le temple de Dieu était devenu le temple de la science. M. Rodolphe de Planta, représentant de l'une des plus anciennes familles de l'Engadine et membre du conseil national de la Suisse, avait été nommé président de la session : le règlement a sagement décidé que ce président serait toujours choisi dans la localité où la société se réunit. Son discours d'inauguration était l'histoire abrégée, mais fidèle, des populations au milieu desquelles nous allions passer quelques jours. Deux races ont pénétré dans les vallées qui découpent les Alpes rhétiques : le versant nord est occupé par des Celtes qui s'avancèrent jusque dans la Haute-Italie, lorsque Bellovesus, suivi de ses sept clans gaulois, conquit le pays et fonda Milan. Aussi retrouve-t-on dans l'Engadine des noms de famille d'origine celtique, et ceux de plusieurs montagnes, le Juliers, l'Adula, le Luxmagnus ou Lukmanier, indiquent des passages où le Celte voyageur sacrifiait à Jul, dieu du soleil. L'immigration des Étrusques du côté du sud est encore plus certaine. Chassés par les invasions successives des barbares du nord, ils se réfugièrent dans ces hautes vallées sous la conduite d'un chef appelé Rhætus, d'où le nom de Rhætia, que portait dans le moyen âge le canton actuel des Grisons. Thusis dans la vallée de Domleschg (*Vallis domestica*), les trois forts de Reams (*Rhætia alta*), Realta (*Rhætia alta*) et Rhæzuhs (*Rhætia ima*) sont des appellations dérivées du latin. La plupart des villes et des villages le long de l'Inn, de l'Adige et de l'Adda portent encore des noms identiques à ceux des villes de l'Ombrie, du Latium et de la Campanie : ainsi de nos jours tous les noms des villes de l'Europe prennent place successivement sur la carte des États-Unis d'Amérique ; mais c'est une phrase de Pline qui constitue le plus irrécusable titre de noblesse latine de ces populations primitives. Pline, né à Côme, habitant sur les bords du lac pendant l'été la villa qui porte son nom, voisin par conséquent du pays dont il parle, a dit : *Vettones, Cernetani, Lavinii, OEnotrii, Sentinates, Suillates sunt populi de regione Umbria quos Tusci debellarunt.* Comment ne pas reconnaître dans ces dénominations les noms des villages engadinois de Fettan, Cernetz, Lavin, Nauders, Sent et Seuol ? Il serait difficile de savoir quels éléments de civilisation les Étrusques ont apportés dans ces montagnes ; mais la culture des champs en terrasse peut être considérée comme un reste des coutumes agricoles de la Toscane. Pendant quatre cents ans, ces populations firent partie de l'empire romain. La langue latine devait nécessairement devenir prédominante parmi des hommes déjà en possession d'un idiome issu de la même souche ; cependant c'est le latin populaire (*lingua romana rustica*) qui l'emporta. Cinquante mille habitants du canton des Grisons parlent le roman ou grison, c'est-à-dire une langue d'origine latine ayant les plus grandes

I. — La session de Samaden.

affinités avec le provençal du midi de la France, les patois de l'Italie, de l'Espagne et le roumain des Valaques sur les bords du Danube. Cette langue possède une littérature ; on l'enseigne dans les écoles concurremment avec l'allemand et le français. Il y a plus, un journal hebdomadaire, *Foegl d'Engiadina*, contribue à conserver ce curieux spécimen de linguistique archéologique. On me pardonnera cette expression, car les langues sont des monuments plus anciens et plus durables que ceux de pierre ou de bronze ; elles sont aussi plus riches en enseignements sur l'origine et les vicissitudes des nations. Ces efforts pour perpétuer dans un coin de la Suisse un idiome ancien auront l'approbation des philologues : ils voient avec peine disparaître ces langues de transition qui jettent une si vive lumière sur celles qu'on parle actuellement.

Théodoric appelait la Rhætie le boulevard de l'Italie, et en effet elle est la barrière tour à tour franchie par les envahisseurs de la péninsule et par les armées romaines envoyées pour soumettre le nord de l'Europe. À la chute de l'empire franc, les Magyars et les Sarrasins pénétrèrent dans l'Engadine et s'emparèrent des passages les plus importants. Le nom du village de Pontresina, qui commande la route du Bernina, n'est qu'une altération de *Pons Sarracenorum*, et celui de la famille Saraz, l'une des principales de Pontresina, n'indique pas moins clairement son origine. Les empereurs d'Allemagne de la famille de Hohenstaufen fondèrent sur le Septimer et le Lukmanier des hospices pour recevoir les voyageurs. Ces deux cols sont en effet le trajet le plus facile et le plus direct de l'Allemagne occidentale en Italie, Quand les hospices du XIe siècle seront remplacés par la voie ferrée qui traversera les Alpes, c'est l'une de ces deux montagnes qui sera percée par un tunnel, plus direct, moins long et moins dispendieux que celui qui entamerait l'énorme massif du Saint-Gothard. Puisse-t-il ne jamais servir au passage des armées qui se sont si souvent rencontrées dans les Alpes rhétiques ! Partout des forts ruinés, des traces d'anciennes redoutes rappellent les guerres de la France, de l'Autriche et de l'Espagne. Le 13 juillet 1620, tous les protestants de la Valteline, sans distinction d'âge ni de sexe, sont massacrés par les catholiques. Les Espagnols occupent le pays ; mais le duc de Rohan, pénétrant par l'Engadine à la tête d'une armée française, les chasse en 1628, et l'on peut voir encore au-dessus de Bormio, sur

Charles Martins

la *Scala di Fracle*, les tours qu'il fit ériger à cette époque. En 1790, les généraux Bellegarde et Lecourbe se rencontrèrent dans la vallée de l'Inn, et des vieillards se rappellent avoir vu dans leur enfance les canons français rouler au mois de mai sur la glace du lac de Silz, Le même jour, les Autrichiens traversaient près de Sutz les eaux de l'Inn, tellement froides dans cette saison qu'un grand nombre de soldats eurent les pieds gelés. Depuis le commencement du siècle, la paix règne dans ces paisibles vallées, et l'émigration régulière des habitants, qui rapportent dans leur village les richesses acquises à l'étranger, accroît sans cesse la prospérité de l'Engadine.

Nous ne suivrons pas M. de Planta dans l'énumération détaillée des hommes utiles ou célèbres auxquels l'Engadine a donné naissance. C'est de la réforme que date ce mouvement intellectuel. En 1560, le Nouveau-Testament est traduit en roman. L'évêque de Capo-d'Istria, Pierre-Paul Vergerio, envoyé d'Italie pour ramener Luther à la foi catholique, se convertit lui-même au protestantisme. Il se réfugie dans l'Engadine, y traduit en italien les œuvres de Luther, d'Érasme, de Zwingle. Dès 1550, une imprimerie avait été fondée à Poschiavo, au pied méridional du Bernina, par un autre Italien, Dolfino Landolfi. Les œuvres des réformateurs sont multipliées par la voie de l'impression et répandues avec profusion en Italie. Vergerio, appelé en Allemagne, meurt chancelier de l'université de Tubingue. En 1755, un Martin Planta, de Süss, dans la Basse-Engadine, construit une machine électrique munie d'un plateau de verre, et en 1765, quatre années avant que Watt prît son brevet, il présente au roi Louis XV le plan d'une machine à vapeur capable de mouvoir des bateaux et des wagons. Des commissaires nommés pour examiner son projet le déclarèrent inexécutable. Ce verdict enleva à Martin Planta la gloire d'avoir appliqué les idées de Papin et résolu le plus grand problème de la mécanique moderne. Je passe des noms inconnus au dehors, mais vénérés dans leur patrie, gloires modestes qui fleurissent loin du monde comme les fleurs des sommets alpins ; mais je dois remercier M. de Planta d'avoir nommé celui qui fut mon maître, Laurent Biett de Scanfs, médecin de l'hôpital Saint-Louis, où il contribua puissamment à la connaissance et à la thérapeutique des maladies de la peau. Mort jeune encore en 1840 à Paris, ce médecin a laissé parmi ses élèves, ses amis et ses clients des souvenirs qui lui survivront longtemps.

I. — La session de Samaden.

Ce discours du président inaugurait la session. Après lui, le professeur Studer, de Berne, fit un rapport sur les travaux de la commission chargée de la carte géologique de la Suisse. Déjà le public scientifique possède une excellente carte de ce pays, due à MM. Studer et Escher de la Linth ; mais la petitesse de l'échelle sur laquelle elle a été faite ne permettait pas d'y marquer les subdivisions des principaux terrains. Le gouvernement fédéral a donc voté des fonds pour la confection d'une carte à l'échelle de 1/100,000e. C'est l'échelle des admirables feuilles qui se publient sous la direction du général Dufour. Grâce à l'appui du gouvernement fédéral et au zèle des nombreux géologues répandus à la surface de la Suisse, ce pays sera doté à peu de frais d'une excellente carte également utile aux géologues et aux voyageurs intelligents et curieux qui visitent annuellement ce beau pays.

À son tour, M. Mousson, professeur de physique à l'université de Zurich, vint rendre compte des résultats obtenus par la commission météorologique instituée pour couvrir la Suisse d'un réseau d'observatoires où l'on note chaque jour la température et l'humidité de l'air, la pression atmosphérique, la direction du vent et la quantité de pluie ou de neige tombée. Nul pays mieux que la Suisse ne se prête à des observations de ce genre. Embrassant tout le massif central des Alpes, elle participe, dans le canton du Tessin, aux climats les plus doux du nord de l'Italie, et par ses cantons septentrionaux à celui de l'Allemagne méridionale. À l'ouest, elle confine à la Franche-Comté, à l'est aux montagnes du Tyrol, et le climat de Genève, située sur le Rhône, a des traits communs avec celui du midi de la France. Un plus grand avantage, pour lequel aucun pays ne peut rivaliser avec elle, c'est que la Suisse renferme les plus hautes montagnes de l'Europe, et possède, grâce au zèle de ses habitants, les stations météorologiques les plus élevées de notre continent. Le nombre total des stations est de quatre-vingt-huit, parmi lesquelles on en compte quatre comprises entre 1,800 et 2,000 mètres au-dessus de la mer, quatre entre 2,000 et 2,200, deux entre 2,200 et 2,400, et une à 2,474 : c'est celle de l'hospice du Saint-Bernard. Quelques-unes de ces stations sont de premier ordre : ce sont les observatoires de Berne, Genève, Neuchâtel et Zurich ; les autres sont desservies par des hommes de bonne volonté qui n'auront d'autre récompense que le sentiment d'être utiles à la science et à leur pays. Il est curieux de voir quel contingent les différentes classes de la société ont fourni à cette utile phalange de volontaires qui s'astreignent à observer trois fois par jour les instruments qui leur sont confiés. Il y a d'abord parmi ces météorologistes bénévoles seize curés ou pasteurs, treize professeurs, treize régents, six médecins, cinq pharmaciens, dix aubergistes et seize personnes de professions diverses ; il y a aussi cinq couvents et quatre observatoires qui leur prêtent leur concours. Ajoutons, pour l'instruction des pays qui ne possèdent pas de réseau météorologique, que 26,206 fr. ont suffi à toutes les dépenses d'installation des quatre-vingt-huit stations.

Le professeur Vogt prit ensuite la parole pour exposer les résultats de ses recherches sur l'homme, son rang dans la création et son rôle dans l'histoire de la terre. Des crânes humains ont été trouvés dans des cavernes mêlés avec des ossements d'espèces d'éléphants (*elephas primigenius*), de rhinocéros (*rhinocéros tichorhinus*) et d'ours (*ursus spelœus*) qui n'existent plus actuellement. Deux de ces crânes sont particulièrement célèbres : celui exhumé dans une caverne près de Liège par Schmerling et celui du Neander-Thal. La petitesse, l'allongement de ces crânes, l'étroitesse du front, le développement des arcades sourcilières, indiquent une race très inférieure, comme celles de l'Australie, continent dont la création est antérieure à celle de l'Asie et par conséquent de l'Europe. En Australie, tous les êtres organisés, animaux et végétaux, appartiennent à des types dégradés ; il en est de même pour l'homme. Le sauvage de la Nouvelle-Hollande est inférieur, sous tous les rapports, à toutes les autres races, et sa capacité crânienne est la plus petite connue. Les crânes trouvés dans plusieurs localités avec des silex et des haches taillés dénotent également des races peu développées. Ainsi donc, avant l'avènement des civilisations phénicienne, grecque ou étrusque, dont quelques lueurs éclairaient les parties méridionales du continent, la population autochthone de l'Europe centrale se composait de races diverses, mais inférieures sous le point de vue cérébral aux populations actuelles. L'espèce humaine est donc perfectible, et avec Darwin, Huxley et beaucoup d'anthropologistes modernes le professeur Vogt se demande si cet être modifiable et perfectible ne proviendrait pas originairement d'un type inférieur dont les singes anthropomorphes, l'orang,

I. — La session de Samaden.

le chimpanzé et le gorille, sont les représentants actuels. Posée dans une église chrétienne, la question produisit une certaine sensation ; mais nul ne se récria, car la libre discussion est l'essence même d'un peuple et d'une religion affranchis du joug de l'autorité. Parmi les auditeurs se trouvait le professeur Hengstenberg, le fougueux prédicateur de la cour de Berlin : apôtre du piétisme le plus exagéré, c'est lui qui a poussé le roi de Prusse dans la voie funeste où il s'est engagé ; mais, comme le dit Hegel, toutes les antinomies finissent par se résoudre, et l'on peut voir sur le livre des étrangers aux eaux de Poschiavo, près de Samaden, les noms de MM. Vogt et Hengstenberg unis par une fraternelle accolade. C'est la réconciliation momentanée du piétisme le plus étroit avec le matérialisme le plus radical ; c'est le rapprochement de deux antipodes intellectuels.

Après cette séance d'ouverture, M. de Planta reçut la société à sa table hospitalière ; puis soixante-deux voitures appartenant aux habitants de Samaden et des environs transportèrent les invités au pied du magnifique glacier de Morteratsch. Le joyeux convoi traversa d'abord la vallée et le joli village de Pontresina, dont les fenêtres regorgeaient de *geranium, de pelargonium* et de *petunia* magnifiques ; longeant ensuite une ancienne moraine couverte de mélèzes, nous arrivâmes au pied de l'escarpement terminal du glacier, Descendu des sommets du Bernina, ce glacier transporte d'énormes blocs de pierre, détachés de la montagne ; quelques-uns, parvenus à l'extrémité, roulent du haut de ce rempart de glace et tombent dans le lit du torrent, alimenté par la fonte du glacier. Quelques savants italiens ont émis récemment l'opinion que les lacs du revers méridional des Alpes, le Lac-Majeur, celui de Lugano, le lac de Côme et ceux d'Iseo et de Garde, avaient été creusés par les immenses glaciers qui, à une époque géologique relativement récente, sont descendus dans les plaines de l'Italie. L'action de ces glaciers gigantesques, dont ceux que nous voyons sont encore les restes, est identique à celle des glaciers actuels ; l'échelle seule des effets produits est réduite proportionnellement à la grandeur des agents. Si donc ces anciens glaciers ont creusé des lacs, les glaciers actuels doivent en creuser aussi. Or le glacier de Morteratsch repose, à son extrémité terminale, sur une nappe de cailloux roulés par le torrent qui, coulant d'abord sous la glace,

Charles Martins

apparaît au jour en aval de l'escarpement terminal. Plusieurs membres remarquèrent, avec M. Desor, que le glacier ne creuse pas la nappe diluviale qu'il pourrait si facilement entamer. Il se tient au-dessus de cette nappe ; un intervalle existe toujours entre la glace et les cailloux. Il y a plus, le glacier passe même par-dessus les blocs tombés du haut de l'escarpement dans le lit du torrent. Ainsi donc un glacier ne pénètre pas dans un terrain meuble à la manière d'un soc de charrue qui entame le sol et l'attouille : il agit comme un grand polissoir qui le nivelle. Tous les observateurs ont été frappés de l'horizontalité des terrains meubles sur lesquels les glaciers ont glissé pendant quelque temps ; ce sont, pour employer le langage des ingénieurs, des *surfaces réglées*. Les montagnards de la Suisse allemande désignent ces anciens lits de glaciers par un nom spécial : ils les appellent *boden*, ce qui veut dire plancher. Comme la plupart des glaciers de la Suisse, celui de Morteratsch a progressé ; les habitants de Pontresina estiment qu'il s'est avancé d'un kilomètre depuis trente ans environ. En 1834, lors d'une crue du torrent, on vit sortir de la voûte du glacier des planches, restes d'un chalet pastoral envahi depuis longtemps et recouvert actuellement par la glace. Des documents du XVe et du XVIe siècle indiquent la situation et les limites de l'*alpe* ou pâturage disparu.

Pendant que les géologues étudiaient les bases du glacier, les botanistes parcouraient les bois, quelques dessinateurs s'étaient installés avec leurs albums sur les genoux. Les jeunes gens avaient escaladé les rochers de la rive gauche, et s'étaient avancés sur la glace au milieu du labyrinthe de blocs dont la surface est couverte. L'approche de la nuit les rappela sur la terre ferme, et peu à peu toutes les voitures, traversant de nouveau Pontresina, ramenèrent à Samaden les savants et leurs hôtes, également enchantés de cette belle excursion où l'intelligence et l'imagination avaient été largement satisfaites.

Le lendemain, la société se divisa en sections qui se réunirent séparément. La section de zoologie était présidée par le professeur de Siebold, de Munich, dont les beaux travaux sur les vers intestinaux et la parthénogenèse sont connus du monde savant. La première communication du président se rattachait à cette dernière théorie, d'après laquelle des œufs non fécondés peuvent cependant éclore et donner des produits vivants. M. de Siebold a

I. — La session de Samaden.

observé une ruche, âgée de quatre ans, qui fournissait constamment un grand nombre d'hermaphrodites. Ces malheureuses créatures sont immédiatement jetées au dehors par les ouvrières. Aucune ne ressemble à l'autre. Tantôt elles sont moitié mâles, moitié femelles ; la partie antérieure du corps est celle d'un bourdon, la partie postérieure celle d'une ouvrière. Quelquefois c'est l'inverse ; le devant est femelle, le derrière est mâle. Dans d'autres cas, la partie droite est mâle, la partie gauche femelle : on remarque à cet égard toutes les variétés imaginables, et sur quelques abeilles les anneaux sont alternativement mâles et femelles. Même variabilité pour les organes reproducteurs ; ces hermaphrodites ont tantôt l'aiguillon des ouvrières, tantôt l'organisation des bourdons, tantôt tous les deux à la fois. Souvent l'hermaphrodite, étant mâle à droite et femelle à gauche à l'extérieur, offre une disposition contraire à l'intérieur. En un mot, l'esprit peut supposer toutes les combinaisons possibles de sexualité externe ou interne : on les trouvait réalisées dans ces abeilles anormales. Une seule chose est constante chez toutes, c'est que ces hermaphrodites ne contiennent pas d'œufs comme les ouvrières ordinaires. Voici l'explication de ces anomalies. On sait qu'une fécondation complète engendre les ouvrières, qui ne sont que des femelles stériles ; l'absence de fécondation produit des mâles. Ces hermaphrodites proviennent d'œufs pondus dans des cellules d'ouvrières ; mais, la fécondation étant incomplète ou trop tardive pour des raisons qu'on ignore, il en résulte les hermaphrodites dont nous avons parlé. La discussion s'est établie sur cet intéressant sujet. M. de Filippi a cité des exemples d'œufs de vers à soie qui ont éclos sans avoir été fécondés. On a rapproché ces faits de ceux observés dernièrement sur les vaches par M. Thury de Genève ; ils tendent à montrer que ces animaux engendrent des mâles ou des femelles suivant le degré de maturité de l'œuf. Il serait donc possible de leur faire procréer à volonté des vaches ou des taureaux. On comprend toute l'importance d'un pareil résultat pour l'agriculture, et l'on espère que les expériences de M. Thury seront mises à l'épreuve sur une grande échelle. — M. le professeur Jules Pictet, l'auteur universellement estimé du meilleur et du plus complet traité de paléontologie que nous ayons, par la ensuite des coquilles fossiles enroulées et connues sous le nom d'*ammonites*, de *toxoceras* et d'*ancyloceras*. Des échantillons

Charles Martins

très complets lui ont appris que le genre toxoceras devait être rayé de la liste des mollusques céphalopodes. Le genre *crioceras* mérite d'être conservé malgré ses étroites affinités avec les ammonites.

Nous eûmes nous-même à entretenir la section de zoologie d'une découverte importante faite en 1862 par M. Charles Rouget, professeur de physiologie à la faculté de Montpellier. On ne savait point comment se terminent les nerfs qui se rendent à nos muscles et leur transmettent les ordres de la volonté. À l'œil nu, on voit le nerf entrer dans le muscle, pénétrer dans l'intérieur, s'y diviser en rameaux de plus en plus déliés ; mais l'œil, quoique armé du microscope, n'avait pas encore aperçu la terminaison même du nerf : on ignorait donc comment l'organe moteur s'unit avec celui qu'il met en mouvement. Le scalpel, dans ce genre de recherches, est un instrument dangereux : il divise, déchire et détruit ces organismes si fins et si délicats. À force d'études dirigées avec sagacité, M. Rouget est parvenu à voir nettement la terminaison des nerfs dans des muscles très minces et très transparents des reptiles, ensuite dans les mammifères, et enfin dans l'homme. Les nerfs moteurs percent d'abord l'enveloppe de la fibre musculaire, puis se renflent en une sorte de disque qui s'étale sur la fibre elle-même. Ce disque rappelle celui qui termine les fils métalliques conducteurs de l'électricité qu'on applique sur la peau. Tout le mécanisme de la contraction musculaire se rattache donc étroitement aux phénomènes électriques que nous connaissons. Un certain nombre d'anatomistes allemands ont vérifié depuis l'exactitude des observations de M. Rouget ; mais, au lieu de rendre franchement à l'auteur de cette découverte la justice qui lui est due, plusieurs d'entre eux l'ont présentée sous une forme telle que le lecteur dépaysé ne saurait démêler si c'est à eux ou à un savant français qu'appartient l'honneur de cette conquête scientifique.

Nous exposâmes ensuite des recherches qui nous sont propres sur les racines aérifères de quelques espèces du genre *jussiœa*. Ces plantes, originaires de la Virginie et de l'Orient, sont aquatiques et rappellent les œnothères : elles ont des racines ordinaires qui s'enfoncent dans la vase ; mais d'autres deviennent spongieuses, se remplissent d'air, sont dressées verticalement dans l'eau et font flotter à la surface les branches auxquelles elles sont attachées, remplissant à leur égard le rôle de ces vessies placées sous les

I. — La session de Samaden.

aisselles du nageur timide qui se méfie de ses forces. Dans d'autres plantes, telles que la châtaigne d'eau (*trapa natans*), le *pontederia crassipes*, l'*aldrovanda vesiculosa*, ce sont les pétioles des feuilles qui se remplissent d'air à une certaine époque et font flotter la plante. Dans les *jussiœa*, un autre organe accomplit la même fonction : la racine se transforme en vessie natatoire. Il serait naturel de penser que l'air contenu dans les lacunes de ces racines offre la même composition que l'air dissous dans l'eau ou l'air atmosphérique ; mais il n'en est rien. Un jeune chimiste, M. Albert Montessier, s'est assuré que cet air est toujours plus pauvre en oxygène que l'air atmosphérique ou celui qui se trouve dissous dans l'eau. Cette observation, nouvelle pour la science, a vivement intéressé les illustres chimistes Liebig et Woehler, à qui je l'ai communiquée.

M. le professeur Heer, de Zurich, dont les botanistes et les géologues admirent les beaux travaux sur les végétaux fossiles, entretint la section après nous des plantes arctiques qui se trouvent dans les Alpes de la Suisse : il en a compté quatre-vingts en Engadine seulement. Dans le nombre se trouvent un arbre, le sorbier des oiseleurs, et trois arbustes, le saule des Lapons, le saule pentandre et le groseillier des Alpes. Quelques espèces arctiques sont répandues dans toute la Suisse : je me contenterai de citer le carnillet moussier (*silene acaulis*). Il n'est aucun voyageur qui n'ait admiré près de la limite des neiges éternelles ces petits dômes de gazon semés de fleurs roses, parure des derniers rochers surgissant au milieu des névés ; mais on rencontre quelquefois des plantes arctiques sur des sommets isolés et à des hauteurs où le climat est beaucoup plus doux que celui des régions boréales, leur véritable patrie. Ces faits viennent en aide aux idées émises pour la première fois par un naturaliste anglais, Edouard Forbes, enlevé jeune encore aux sciences naturelles. Forbes pensait que les plantes arctiques existant actuellement dans les montagnes de l'Ecosse et de la Suisse, dans les Carpathes et les Pyrénées, se sont propagées du nord au sud pendant la période de l'ancienne extension des glaciers. Quand ceux-ci se sont fondus, les plantes ont disparu presque toutes sous l'influence d'un climat trop chaud pour elles ; mais quelques-unes se sont maintenues sur des points moins défavorables à leur existence. Ces points forment des îlots épars et isolés au milieu d'un pays dont la végétation est celle de la zone tempérée.[1] La section de géologie a toujours le privilège de réunir le plus grand nombre d'assistants et de donner lieu aux discussions les plus animées. Comment en serait-il autrement ? Les Alpes ne sont-elles pas le problème le plus difficile que la géologie ait à résoudre ? La constitution, l'origine, l'âge des Alpes, rien n'est complètement connu ni définitivement acquis à la science. Le sphinx gigantesque n'a pas encore été vaincu malgré le génie de ceux qui ont cherché à le deviner. Peu à peu cependant la lumière se fait. Dans ces entassements chaotiques de sommets, dans ce lacis confus de vallées, on commence à entrevoir certaines formes primordiales. La succession de couches est soumise à des lois fixes.[2] M. Desor, comparant le versant méridional des Alpes aux environs de Varese, en Lombardie, avec le revers septentrional, constate que l'apparence et la constitution minéralogique des terrains sont complètement différentes. Quelques étages, la grande oolithe et le corallien, manquent tout à fait ; mais, en se laissant guider par l'étude des fossiles, on trouve que l'ordre de succession est le même. Seulement tout semble démontrer qu'au nord des Alpes les terrains se déposaient dans une mer agitée, riche en coraux et en coquilles, tandis que dans le sud des vases limoneuses se précipitaient au fond des eaux tranquilles d'un golfe sans orages. Une discussion s'engagea sur la position d'un terrain qui fait depuis longtemps le désespoir des géologues suisses, et auquel ils ont donné le nom de *flysch*. Les fossiles manquent ou ne sont pas reconnaissables. M. Heer, d'après des échantillons d'algues marines, déclare le flysch tertiaire, et M. Studer, le plus autorisé de tous quand il s'agit des Alpes, arrive au même résultat par l'étude des superpositions. Près de Varese, ce flysch est recouvert par l'étage inférieur de la craie. C'est aux géologues italiens, en particulier au jeune et savant abbé Stoppani, qu'est réservé l'honneur de faire disparaître cette contradiction apparente.

L'orographie a sa langue comme toute autre science. Elle appelle *cluse*, avec les paysans jurassiens, une gorge qui coupe un chaînon de montagnes perpendiculairement à sa direction et fait communiquer entre elles deux vallées parallèles. La cluse est

---
1 Voyez sur ce sujet Desor, *de l'Orographie des Alpes dans ses rapports avec la géologie*, et en anglais dans *Ball's Guide to the weslem Alps*.
2 Voyez sur ce sujet Desor, *de l'Orographie des Alpes dans ses rapports avec la géologie*, et en anglais dans *Ball's Guide to the weslem Alps*.

I. — La session de Samaden.

l'effet d'une rupture, et sur ses escarpements on voit la tranche des couches brisées : les supérieures appartiennent toujours à des terrains plus récents que les inférieures. Ces escarpements, impropres à la culture, sont en général couverts de bois et de taillis. Quand un torrent traverse la cluse, l'eau creuse l'étroit canal où elle se précipite le plus souvent en cascades d'une vallée à l'autre. Sous la paroi, formée de couches saillantes et brisées, on aperçoit alors une seconde paroi lisse, verticale, et seulement creusée çà et là de larges sillons ou de grandes excavations arrondies. Cette paroi inférieure est l'ouvrage de l'eau. M. Desor a proposé le mot roman de *rofla* pour désigner les cluses dont le fond à été profondément creusé par les eaux : c'est le nom que portent dans les Grisons plusieurs gorges à travers lesquelles se précipitent les torrents impétueux dont la réunion forme le Rhin en amont de la ville de Coire.

L'auteur de cette étude mit sous les yeux de la section deux belles cartes du littoral méditerranéen, dues à nos ingénieurs hydrographes ; et qui embrassent l'espace compris entre l'embouchure de l'Hérault et celle du Rhône. Une série de marais salants borde la côte. Ces lacs d'eau saumâtre sont séparés de la mer par un mince cordon littoral formé de dunes dont la hauteur ne dépasse pas 8 ou 10 mètres. Toute la côte est calcaire, mais le sable des dunes est siliceux. D'où peut provenir cette silice ? Où sont les rochers qui l'ont produite ? C'est dans les Alpes qu'il faut chercher leur origine. Lorsque les anciens glaciers sont descendus dans les vallées jusqu'aux bords du Rhône, entre Lyon et Vienne ; mais moins bas dans les vallées méridionales, ils ont laissé sur place tous les débris, blocs, cailloux, sable, qu'ils transportaient sur leur dos, ou charriaient dans leurs flancs. Quand ces glaciers fondirent et reculèrent, tous ces débris accumulés furent entraînés vers la mer par les eaux résultant de cette fonte prodigieuse. Les roches friables, les calcaires tendres, les grès, furent réduits en poudre par le frottement avant d'arriver au débouché des vallées ; mais les roches dures en particulier les roches siliceuses, les quartzites, parvinrent sous forme de cailloux arrondis dans la plaine du Rhône : ils y formèrent de grandes nappes dont la Crau est la plus étendue et la plus célèbre. Ces cailloux ne s'arrêtèrent pas au bord de la mer, ils dépassèrent le rivage. Depuis cette époque, des

Charles Martins

milliers d'années se sont écoulées ; ces cailloux, balancés par le flot, s'usèrent réciproquement et prirent la forme de galets aplatis ; mais le sable, résultat de cette usure, emporté par les vents, a formé les dunes que nous voyons. Les cailloux générateurs du sable n'ont pas tous disparu de la plage : non loin de Montpellier, on les trouve mêlés aux coquilles ; aussi le sable des dunes est-il formé de 75 pour 100 environ de silice et de 25 pour 100 de calcaire, provenant en grande partie des coquilles que le flot broie contre le rivage. Ainsi tout se lie à la surface du globe, et les dunes des rivages languedociens doivent leur origine aux débris accumulés d'abord dans les vallées par les anciens glaciers des Alpes, puis entraînés jusqu'à la mer par les torrents gigantesques auxquels la fonte de ces glaciers a donné naissance.

La Société helvétique, pendant sa session de 1863, a reçu bien d'autres communications intéressantes, parmi lesquelles je dois mentionner celles de MM. Omboni de Milan, Strobel de Pavie et Moesch d'Aarau. Le professeur Theobald de Coire, aussi intrépide montagnard que bon géologue, s'est voué principalement à l'étude des puissants massifs du canton des Grisons. Ministre du saint Évangile, il a, comme l'abbé Stoppani, abandonné la théologie pour la géologie, et si tous deux trouvent dans cette nouvelle étude des doutes comme dans la première, ils ont au moins la consolation de pouvoir les contrôler par l'observation directe. Leurs travaux contribuent aux progrès d'une science qui suivait encore, il y a trente ans, les errements de celle qu'ils ont abandonnée : en effet, la géologie est à peine sortie de cette période initiale où les généralisations hâtives remplacent l'étude sincère et patiente de la nature, période stérile, mais inévitable, car il n'est aucune des connaissances humaines qui ne l'ait traversée. La géologie moderne, c'est l'examen méthodique des couches du globe et des êtres dont elles renferment les débris, c'est l'analyse des phénomènes qui se passent actuellement à la surface de la terre et la comparaison des effets qu'ils produisent avec ceux dont nous voyons les traces dans les divers terrains. Jadis chaque géologue avait son système s'appliquant au globe tout entier, et s'étendant même quelquefois à la lune ; aujourd'hui personne n'a de système, mais chacun étudie son pays ou une contrée déterminée. Les faits généraux ressortent naturellement de ces travaux particuliers, et quand le globe sera

I. — La session de Samaden.

bien connu, les phénomènes actuels bien appréciés, la géologie sera faite.

Les séances de la section de physique et de chimie n'ont pas été moins intéressantes que celles des autres. M. Dufour de Lausanne a parlé d'un coup de foudre tombé à Clarens sur les bords du lac Léman, et qui a frappé cent cinquante pieds de vigne. Plusieurs membres ont rappelé des faits analogues. M. le professeur Clausius a exposé le second principe de la théorie mécanique de la chaleur, et M. Adolphe de Planta a traité de la composition chimique de plusieurs eaux minérales du canton des Grisons. Le soir même, la société visita l'une des plus curieuses de ces sources. L'administration des eaux ferrugineuses de Saint-Maurice l'avait invitée à se réunir avec la section de médecine pour examiner l'établissement dans tous ses détails. Une longue file de voitures se déroula comme un serpent sur la route qui longe le pied des montagnes entre Samaden et Celerina ; elle atteignit bientôt Saint-Maurice, puis l'établissement des bains, situé au milieu de la vallée, entre les lacs de Silz et de Saint-Maurice. Là s'élèvent de vastes constructions, déjà insuffisantes pour contenir le grand nombre de baigneurs qui affluent à ces eaux. De nouveaux bâtiments s'ajoutent aux anciens, et dans le village de Saint-Maurice les hôtels se multiplient chaque année. Ces eaux sont froides, limpides, inodores, à saveur piquante et astringente ; elles contiennent à la fois des carbonates, des sulfates alcalins et de plus du carbonate de fer : elles sont donc essentiellement toniques et conviennent singulièrement aux constitutions faibles ou débilitées. L'action de l'air vient s'ajouter à celle de l'eau, et nous n'étonnerons aucun médecin en disant que l'on a constaté l'heureux effet de cette double influence. L'eau ferrugineuse restitue au sang la proportion de fer sans laquelle il ne saurait vivifier les organes, et l'air aussi bien que l'eau, ranimant les forces digestives, concourent au rétablissement général d'une constitution délicate ou délabrée. Le repas qui nous réunissait dans la grande salle des eaux était un repas de baptême. Le grand chimiste et médecin Paracelse, né à Einsiedeln, dans le canton de Schwitz, en 1493, est le premier qui ait reconnu et préconisé les eaux de Saint-Maurice. Sur l'invitation de M. de Planta, la Société helvétique voulut bien être la marraine de l'une des trois sources. En lui donnant le nom de Paracelse, la société

Charles Martins

rendait hommage à l'un des hommes les plus remarquables et à l'un des plus grands caractères de l'ancienne Helvétie. Paracelse, le réformateur des sciences chimiques et médicales, le premier qui s'éleva contre la routine des écoles pour ramener les médecins à l'étude et à l'observation de la nature, était digne d'un pareil hommage. La source bienfaisante qu'il a révélée à l'humanité souffrante fera bénir à jamais son nom par ceux qui lui devront la santé. Un tel monument est plus durable que les statues de marbre ou de bronze élevées à tant d'illustres inconnus dont le genre humain ne gardera pas le souvenir. Après le banquet, on se rendit, en suivant les bords du lac de Saint-Maurice, à une maison rustique qui s'élève dans une prairie entourée de bois. Des chœurs de jeunes gens de la vallée saluèrent la société de leurs chants harmonieux, et le soir des groupes formés par le hasard ou les affinités électives de leurs études communes regagnèrent à travers la forêt les maisons hospitalières de Samaden et de Celerina.

Le lendemain était le dernier jour de cette session, trop courte au gré des savants, qui auraient voulu entendre encore leurs confrères ou leur communiquer le résultat de ces travaux commencés que la discussion éclaire si souvent de lumières imprévues ; mais les habitants de Samaden, jaloux de montrer à leurs hôtes toutes les beautés de leur vallée, avaient attelé leurs chevaux. Les voitures se mirent en mouvement comme la veille pour descendre le long de l'Inn vers les limites de la Basse-Engadine. Tous les villages étaient parés de drapeaux et de feuillages ; des inscriptions témoignaient de la joie des populations accourues pour saluer de modestes naturalistes, Au-dessus de l'arc de triomphe de Sutz, un ours brun, tué dans le voisinage, avait été placé en vedette. À Capella, le dernier hameau de la Haute-Engadine, un grand cultivateur, notre hôte ce jour-là, avait inscrit sur sa maison cette sentence que la société ne pouvait désavouer : « La nature est le livre de la sagesse. » Toutes les populations des environs se trouvaient réunies ; elles étaient accourues de la Basse et de la Haute-Engadine pour assister à cette fête de la science ; les dames circulaient autour des tables dressées dans la prairie, et de nombreux discours improvisés célébrèrent tour à tour l'étude de la nature, la liberté, la Suisse, l'Italie, la fraternité de la science et du travail.

La session était close, et le lendemain les uns traversaient le

I. — La session de Samaden.

Juliers ou l'Albula pour retourner en Suisse, d'autres franchirent les cols du Bernina et du Maloya et descendirent vers le lac de Côme. Le contraste entre les villages sévères de la froide Engadine et les élégantes villas italiennes, entourées de chênes verts, d'oliviers, d'orangers, de lauriers-roses et d'aloès-pitte, est un des plus saisissants qui existent dans le monde. Sur les bords des lacs italiens, les Alpes font l'effet d'un espalier colossal qui abrite les végétaux frileux contre les vents du nord ; de plus les eaux profondes des lacs Majeur, de Lugano, de Côme, d'Iseo et de Garde, véritables réservoirs de chaleur ; adoucissent encore la rigueur des hivers. De là un climat exceptionnel pour cette latitude, comme celui d'Hyères et de toute la côte ligurienne depuis Nice jusqu'à Pise. Un voyageur qui, partant de la Norvège septentrionale, arriverait à Fondi, dans le royaume de Naples, où l'on voit les premiers orangers croissant en plaine et sans abri, serait moins surpris, parce que la transition, sans être plus forte, est plus lente et plus ménagée. Les illustres chimistes Liebig, de Munich, et Woehler, de Gœttingue, se trouvaient à Lugano : un grand nombre de savants vinrent les saluer, et un petit congrès supplémentaire suivit et compléta le grand congrès de Samaden.

II. — Travaux de la société helvétique des sciences naturelles.

Ma tâche n'est point finie. Dussé-je être abandonné du lecteur fatigué, je dois faire connaître les travaux scientifiques publiés par les membres de la Société helvétique des sciences naturelles. Je ne puis songer à une analyse détaillée, je me bornerai à un coup d'œil général. Les publications de la société commencèrent en 1817. Le professeur Meisner de Berne faisait paraître un annuaire qui rendait un compte sommaire des communications faites pendant les sessions. Cet annuaire s'arrêta en 1824. Les *Mémoires de la Société helvétique* datent de 1829 ; ils forment actuellement dix-neuf volumes in-quarto avec de nombreuses planches et un certain nombre de cartes. Dans ce recueil, c'est la géologie qui domine, et surtout la géologie de la Suisse. Le massif du Saint-Gothard est le sujet de recherches contenues dans les premiers volumes : elles sont dues à MM. Lusser et Lardy. Tous deux se sont attachés à étudier ce groupe de montagnes qui semble former le centre ou le nœud des Alpes suisses. Ces travaux ont mis hors de doute un fait important qui s'est généralisé depuis : c'est la structure en éventail des grandes masses alpines. Je m'explique. Le voyageur revenant d'Italie pour traverser le Saint-Gothard remarque, à partir d'Airolo, au pied méridional du passage, que les couches de gneiss et de schistes qui le composent s'enfoncent pour ainsi dire dans les flancs de la montagne, et plongent par conséquent vers le nord ; à mesure qu'il monte, les couches semblent se relever, et quand il atteint le sommet, elles sont verticales et ne plongent plus ni vers le nord ni vers le sud. En redescendant sur le versant septentrional, le même voyageur constate que les couches s'inclinent de plus en plus ; mais l'inclinaison est précisément en sens opposé de celles du versant méridional : elles plongent vers le sud et se renversent vers le nord. La montagne offre donc la structure d'un éventail. La force colossale qui l'a comprimée latéralement a produit des effets visibles aux yeux, les plus inattentifs. Quels sont les voyageurs qui n'ont point été frappés du contournement des couchés de l'Axenberg en face de Fluelen ? Sur le pont du bateau à vapeur qui fait le trajet de Fluelen à Lucerne, il en est peu qui ne remarquent les couches arquées qui dominent Beroldingen, celles du Seelisberg, au-dessus de la célèbre prairie du Grütli, berceau de la liberté helvétique. Ce sont les feuillets septentrionaux du Saint-Gothard qui, en se renversant, ont refoulé ces couches calcaires. Sous cette énorme pression, elles se sont tordues et pliées comme une molle argile. Des contournements semblables se voient souvent dans le voisinage des Alpes centrales, car le Saint-Gothard n'est pas le seul massif qui présente la structure en éventail. Le Grimsel, où l'Aar prend naissance, le Gallenstock, au-dessus du glacier du Rhône, le Gelmerhorn, situé entre les deux, le Mont-Blanc lui-même, en sont des exemples plus ou moins évidens, et cette structure est probablement commune à tous les massifs cristallins des Alpes qui se relient au Saint-Gothard. La description du groupe montagneux de Davos, par M. Studer, et les études de MM. Escher de la Linth et Théobald sur les Grisons et le Vorarlberg, se rattachent à celles du Saint-Gothard ; mais ces travaux descriptifs se refusent à l'analyse et n'ont d'intérêt que pour les savants de profession.

Dans un mémoire de M. Rutimeyer sur la géologie des rives septentrionales du lac de Thun, on trouve un beau modèle de ces

II. — Travaux de la société helvétique des sciences naturelles.

paysages géologiques dont les Anglais nous ont donné les premiers l'exemple. Quand il s'agit d'une contrée limitée, au lieu d'une carte ou de coupes, on met sous les yeux du lecteur un paysage, une vue du pays coloriée. géologiquement, c'est-à-dire où les différents terrains sont indiqués par certaines teintes convenues. En présence de la nature, ce paysage géologique à la main, tout le monde peut se reconnaître et retrouver les limites des formations. Ainsi M. Rutimeyer nous présente la vue des bords du lac de Thun et des montagnes qui le dominent entre Ralligen et Merlingen. Par des couleurs appropriées, il nous montre que les collines qui dominent la tour de Ralligen sont formées de molasse et de nagelflue ; des grès occupent la partie moyenne de la montagne, et les sommets appartiennent au terrain nummulitique. Les vallées sont creusées dans le terrain crétacé.

Un géologue justement célèbre, Léopold de Buch, avait décrit en 1827 les porphyres rouges des environs de Lugano. Il donnait le nom de *melaphyres* aux porphyres noirs de la même contrée. Les porphyres sont aux yeux de tous les géologues des roches ignées, produites uniquement par le feu, comme les roches volcaniques du Vésuve ou de l'Etna. Ces roches éruptives se trouvent sur les bords du lac de Lugano au pied d'une montagne couronnée d'une, chapelle : c'est le mont Salvadore ; il se compose de dolomie ou calcaire contenant de la magnésie. Cédant à cet esprit de généralisation exagéré, caractère de la géologie des trente premières années du siècle, Léopold de Buch en concluait que toutes les dolomies étaient dues à l'action chimique d'une roche ignée incandescente sur du calcaire ou carbonate de chaux ordinaire. Cette théorie des dolomies avait été acceptée pour ainsi dire de confiance. M. Brunner, reprenant l'étude de la contrée, a ébranlé une conviction trop légèrement formée : il a démontré qu'elle ne peut même pas résister à l'examen consciencieux de la localité considérée par M. Léopold de Buch comme fournissant des preuves irrécusables de la vérité d'une théorie naguère encore en faveur.

De la promenade de Berne, on voit en face de soi le groupe du Stockhorn, avant-garde des Alpes de l'Oberland et de la Gemmi ; M. Brunner en a aussi donné la description, et il considère la montagne comme le résultat de pressions latérales lentes de même origine que celles dont le massif central porte l'empreinte. Dans un mémoire sur la molasse tertiaire de la plaine suisse, M. Kauffmann, de Lucerne, arrive aux mêmes conclusions.

Les Alpes, malgré les travaux remarquables dont elles ont été l'objet, présentent encore au géologue une foule de problèmes à résoudre et d'obscurités à dissiper. Il n'en est pas de même du Jura. C'est la chaîne la mieux connue de l'Europe. Grâce au grand nombre des fossiles qu'elle renferme, les étages en sont faciles à caractériser, et le nom de *terrains jurassiques* est employé dans le monde entier pour dénommer des formations contemporaines de celles du Jura. Cette chaîne est devenue un type. Les formes du relief étudiées par Thurmann, Gressly, Desor et leurs successeurs sont la base de l'orographie moderne ; Le Jura est le seul système de montagnes que le géologue puisse déplisser comme un mouchoir et réduire à une surface plane. Originairement tous ces terrains se sont déposés horizontalement dans les mers où vivaient les nombreux animaux dont les débris remplissent des couches actuellement relevées, contournées et déplacées. Quelle est la cause de ces soulèvements. Ici encore nous retrouvons l'action affaiblie de ces pressions latérales que nous avons reconnues dans le voisinage du Saint-Gothard. Les chaînons parallèles du Jura, dont la hauteur va en diminuant dans la direction de l'est à l'ouest ou de la Suisse vers la France, sont un effet de l'apparition des Alpes. Les Alpes sont la grande vague, les chaînons du Jura ne sont que les rides produites dans une eau tranquille, et qui s'abaissent à mesure qu'elles s'éloignent du flot principal, dont elles offrent l'image affaiblie.

La paléontologie ou la connaissance des corps organisés fossiles doit une grande partie de ses progrès à l'étude minutieuse des couches du Jura. C'est là que M. Gressly, en suivant une même assise dans toute son étendue et en examinant un à un les êtres organisés qu'elle renfermera reconnu les *facies* différents des faunes éteintes. Il a vu que, dans une même couche, les populations variaient suivant la nature des dépôts formés au sein de la mer géologique. Ainsi les limons que les cours d'eau entraînaient dans les mers anciennes, — comme le Rhône, le Nil, le Mississipi, les versent sous nos yeux dans les mers actuelles, — forment des fonds *vaseux* ou *littoraux*. C'est dans cette vase qu'habitaient les espèces libres à coquilles minces et fragiles, les solen, les myes,

II. — Travaux de la société helvétique des sciences naturelles.

les moules, les tellines, les ammonites et les reptiles marins. Le terrain dit oxfordien est le type de ce genre de formation. L'Océan-Pacifique nous offre de nombreux exemples d'un *facies* bien différent du premier. Toutes les îles de la Mer du Sud et les côtes de la Floride sont entourées d'une ceinture rocheuse construite pour des animaux agrégés, les coraux bu polypiers. Il en était de même dans les mers géologiques ; on reconnaît ces anciens rivages au grand nombre de polypiers, d'huîtres et de coquilles perforantes dont ils sont bordés. D'autres animaux d'une structure plus délicate, des oursins, des bélemnites, des encrines, vivaient à l'abri de ces digues de polypiers qui les défendaient contre le flot. C'est le *facies corallien* qui caractérise, un étage des terrains jurassiques. Le corallien des environs de Neuchâtel, celui de Saint-Mihiel en Lorraine, sont des types de ces terrains. Aujourd'hui comme jadis, la haute mer est-le désert de l'Océan. Les pêcheurs et les zoologistes le savent bien, car les animaux y sont rares et peu variés. Dans les couches qui s'y sont déposées, on ne trouve que des débris de coraux et de polypiers spongieux ; , des bélemnites et des ammonites ; c'est le *facies pélagique*. Ainsi, conclut M. Gressly, dans une même assise géologique déposée à la même époque, on reconnaît les débris de populations diverses suivant qu'on parcourt les districts littoraux vaseux, coralliens ou pélagiques de cette assise. Souvent ces faunes diffèrent plus entre elles que des faunes correspondant à des époques distinctes. Cette idée féconde a été appliquée aux recherches stratigraphiques dans le monde entier, et a profondément modifié les idées des géologues. On ne se borne plus à reconnaître et à caractériser les terrains au moyen de quelques espèces seulement ; on s'efforce d'embrasser l'ensemble des faunes contemporaines de chaque formation d'eau douce ou d'eau salée.

La géologie du Jura doit encore beaucoup aux travaux de MM. Merian, Agassiz, Desor, Pictet, Renevier, Mousson, Greppin, dont les mémoires ont été recueillis et publiés par la Société helvétique. M. Renevier a décrit la perte du Rhône, qui se trouve en France. Le Rhône et la Valserine, en creusant profondément les terrains qu'ils traversent, ont produit une coupe naturelle où le géologue voit la superposition de tous les étages, depuis la craie inférieure jusqu'à la molasse tertiaire. Ces couches sont on ne peut plus riches en fossiles : M. Renevier y a reconnu trois cent quarante-quatre espèces.

À partir de Genève, le Jura se rapproche des Alpes, et les deux chaînes se joignent et se confondent aux environs du lac du Bourget et à la Grande-Chartreuse de Grenoble. Rien de plus intéressant pour l'orographie que d'étudier comment elles se soudent, et comment les formes de l'une passent à celles de l'autre. Les travaux de M. Alphonse Favre sur le Salève, sa carte géologique du pays compris entre le lac de Genève et le Mont-Blanc, les études de M. Mousson sur les environs d'Aix en Savoie, concourent à la solution du problème. Les géologues français ne restent pas- inactifs. M. Lory en Dauphiné, MM. Chamousset, Vallet et Pillet en Savoie, explorent avec un zèle infatigable cette zone intéressante, et, grâce à eux, nous aurons un jour une orographie alpine aussi claire, aussi simple que celle du Jura. Ce sera un grand pas de fait, un acheminement considérable vers l'intelligence du mode de formation des chaînes de montagnes, dont l'ancienne théorie des soulèvements suivant la verticale ne saurait rendre compte dans l'état actuel de nos connaissances.

La physique du globe est l'initiatrice de la géologie, et l'étude des phénomènes actuels nous dévoile ceux dont nous voyons les traces à la surface de la terre. Un mémoire de M, Venetz, inséré en 1833 dans le premier volume du recueil, traite des variations de la température dans les Alpes de la Suisse. L'auteur, ingénieur des ponts et chaussées du Valais, reconnut le premier que les glaciers de la Suisse étaient jadis plus étendus qu'ils ne le sont aujourd'hui. Il s'assura qu'ils descendaient autrefois dans des vallées valaisanes dont ils n'occupent actuellement que la partie supérieur Ce phénomène, en apparence local, limité originairement au Valais, a été bientôt constaté dans toute la Suisse, les Vosges, les Pyrénées, les montagnes de l'Ecosse et de la Scandinavie, le Caucase, l'Himalaya, le nord et le sud de l'Amérique. La terre, avant ou depuis l'apparition de l'homme, a donc passé par une période de froid dont les causes sont encore à rechercher, mais dont la réalité n'est plus contestée.[1]

La paléontologie animale et végétale occupe une grande place dans

---

1 Voyez, dans la *Revue des Deux Mondes* du 1er mars 1847, *Recherches sur la période glaciaire.*

II. — Travaux de la société helvétique des sciences naturelles.

les mémoires de la Société helvétique. Le professeur Heer de Zurich y a fait connaître les nombreux insectes fossiles dont les couches d'Œningen sur les bords du lac de Constance ont conservé les délicates empreintes. Avant d'avoir ressuscité les anciennes forêts helvétiques qui révèlent un climat plus chaud que celui du midi de l'Europe, M. Heer nous avait dévoilé les formes des insectes qui bourdonnaient en Suisse, à l'époque tertiaire, dans la cime des canneliers, des figuiers, des plaqueminiers et des légumineuses exotiques : les congénères de ces arbres habitent actuellement les zones intertropicales. MM. Gaudin et Carlo Strozzi, étudiant des couches du Val d'Arno près de Florence, y découvrent une. flore analogue à celle de Ténériffe et des zones tempérées de l'Amérique septentrionale. Ce sont là des preuves d'un climat plus chaud, caractérisé par de nombreuses espèces de lauriers. L'époque glaciaire des Alpes, abaissant la température de la Toscane, a tué toutes les espèces délicates, mais épargné les plus robustes, qui forment la végétation actuelle du pays. Ces travaux rattachent intimement la flore actuelle à celles qui l'ont précédée sur le globe. Désormais on ne saurait parler de géographie botanique sans s'occuper des végétaux qui sont enfouis dans les couches terrestres. M. Alphonse de Candolle propose le nom d'*épiontologie* pour désigner une nouvelle science qui comprendrait la paléontologie et la géographie des êtres organisés ; ce serait l'histoire de leur apparition successive aux diverses époques de la vie du globe et leur distribution présente à la surface de la terre. Ces deux études se touchent de près ; la faune et la flore qui nous entourent se lient étroitement aux dernières faunes et aux dernières flores perdues. Par leurs formes, par leur structure, beaucoup d'animaux, un grand nombre de plantes sont réellement des animaux et des plantes *fossiles*. Ces êtres ont survécu aux derniers changements de température et d'humidité qui ont eu lieu à la surface du globe ; mais leur organisation tout entière est celle des végétaux et des animaux qui ont existé avant la plupart de ceux qui vivent aujourd'hui.

Telle est l'analyse très sommaire de la partie géologique des mémoires de la Société helvétique ; elle suffit néanmoins pour donner une idée du nombre et de l'importance des travaux qu'ils contiennent.

Charles Martins

La part de la botanique est moins grande. La Suisse cependant est aussi riche en botanistes qu'en géologues ; mais la nature même de cette science se prête moins aux travaux limités à une localité restreinte. Une flore locale n'est qu'une pierre apportée à l'édifice de la flore générale d'une région naturelle, et un pays comme la Suisse ne saurait, malgré la végétation variée qui le distingue, occuper les loisirs de tous ses botanistes. Ils ont dû étendre le champ de leurs travaux au-delà de leur patrie. On trouve dans les mémoires de la Société helvétique une énumération des espèces suisses du genre *Cirsium* de M. Naegeli et un catalogue des *Chara* de M. Alexandre Braun. Le premier de ces deux savants a donné un grand travail sur la classification des algues, et M. Jean Müller une monographie des résédacées.

Dans la partie zoologique, on remarque l'énumération des mammifères, des oiseaux, des reptiles et des poissons de la Suisse par M. Schinz, et celle des mollusques terrestres et fluviatiles par M. de Charpentier. L'infatigable professeur Heer de Zurich a fait connaître les coléoptères vivants de la Suisse ; MM. Meyer-Dürr et de La Harpe, les lépidoptères ou papillons. On doit aussi à MM. Valentin, Vogt, Koelliker et Neuwyler quelques mémoires d'anatomie comparée.

Je ne saurais passer sous silence un grand travail tenant à la fois de la zoologie et de la paléontologie : il appartient à une subdivision des connaissances humaines que je serais tenté d'appeler la *zoologie archéologique*. Les lecteurs de la *Revue* n'ont pas oublié un article de M. Elisée Reclus[1] sur les cités lacustres de la Suisse ; ils se rappellent que dans l'hiver si sec de 1853 à 1854 on remarqua d'abord près de Meilen, sur les bords du lac de Zurich, des pilotis que les basses eaux avaient mis à sec. Entre ces pilotis, on découvrit bientôt des débris de poteries et toutes les traces d'habitations fort anciennes. L'attention une fois éveillée, il se trouva que partout les riverains des lacs et particulièrement les bateliers avaient conservé le souvenir d'indices semblables. Des stations lacustres furent signalées sur les lacs de Neuchâtel, de Bienne, de Morat, de Sempach, de Genève, de Constance, etc. On reconnut ensuite que, dans certaines de ces stations, les pieux n'étaient que des arbres à peine équarris et enfoncés au milieu de grosses pierres accumulées

---
1 *Revue des Deux Mondes*, 15 février 1862.

II. — Travaux de la société helvétique des sciences naturelles.

formant au fond de l'eau des monticules auxquels les pêcheurs donnaient depuis longtemps le nom de *steinberg*. Entre ces pieux, on trouve des poteries grossières et des haches ou des pointes de flèches fabriquées avec les silex de la craie. Dans d'autres stations, les pilotis sont mieux travaillés et enfoncés directement dans la vase. Là on retire du fond de l'eau des poteries plus soignées, des haches en bronze, des épingles, des agrafes, des poignées faites du même métal. Enfin, dans le lac de Neuchâtel, près de Marin, on a découvert une station où toutes les armes et tous les ustensiles sont en fer, métal inconnu dans les ruines des bourgades lacustres appartenant à l'âge de pierre ou de bronze. Les antiquaires ont donc distingué trois âges, celui de pierre, correspondant à une civilisation à peine ébauchée, comme celle des sauvages de la Nouvelle-Zélande ; celui de bronze, qui annonce un état social beaucoup plus avancé, et enfin celui de fer, contemporain de l'époque gauloise. Ces trois âges sont certainement antérieurs à l'invasion romaine. Des fouilles faites récemment dans les lacs tourbeux du canton de Zurich et de Berne ont jeté un nouveau jour sur le genre de vie de ces premiers habitants de l'antique Helvétie. Des fruits, des graines, des fragments de filets et de tissus se sont conservés dans la tourbe. On a reconnu des graines de plantes économiques, — le froment, l'orge, le lin,— des fruits comestibles et cultivés, tels que des poires, des pommes, des fraises. Ces peuples avaient donc une agriculture. M. Rutimeyer nous apprend qu'ils possédaient également des animaux domestiques.

L'étude des squelettes dont on trouve les débris dans les stations lacustres du nord de la Suisse était d'un immense intérêt. En effet, tous nos animaux domestiques sont les descendants, profondément modifiés par l'homme et par le temps, de types sauvages dont la plupart sont inconnus. Le mouton, le bœuf, le cheval, le chien et le cochon avaient été déjà asservis par l'habitant des cités lacustres. Le bœuf ressemblait aux petites races de montagne du canton des Grisons, de l'Appenzell et de la Forêt-Noire, et il est permis de présumer que le gros bétail de la plaine, celui de Fribourg et du Simmenthal, n'est qu'un perfectionnement de ces petites races montagnardes. Toutes deux ne sauraient être dérivées de l'aurochs ou *urus* et du bison, qui vivaient jadis dans les forêts de la Suisse comme dans celles du nord de l'Europe. La souche du bœuf domestique de l'Europe est probablement une espèce appelée par M. Owen *bos longifrons*. On trouve ses os dans les tourbières de l'Angleterre, mais on ne les a pas encore rencontrés dans celles de la Suisse. Les peuplades lacustres chassaient le bison et l'aurochs, dont on trouve les os brisés au milieu des pilotis. Le cochon n'était probablement pas à l'état domestique ; mais la dentition de ce cochon sauvage est celle d'un animal plus frugivore et par conséquent moins farouche que notre sanglier. Ce cochon sauvage (*sus torfaceus*) a disparu peu à peu, et notre cochon domestique est un descendant du sanglier, dont les instincts féroces se réveillent souvent en lui. Les fouilles faites dans les stations tourbeuses démontrent aussi que l'élan, le cerf, la biche et le daim animaient jadis les solitudes boisées de la Suisse. Le castor élevait ses digues dans les cours d'eau rétrécis et sur le bord des lacs, et la loutre y habitait comme maintenant. L'ours, si rare de nos jours, était alors commun dans les forêts montagneuses, ainsi que le loup, le renard et le chat sauvage. Le chien des habitations lacustres appartenait à une race de grandeur moyenne, à tête allongée. Il était à l'état domestique, comme le mouton, la chèvre et la vache, et peut-être le cochon. Le cheval est d'une introduction postérieure, et la multiplication des autres races domestiques coïncide avec son apparition. Quelques-uns de ces animaux étaient déjà contemporains des rhinocéros et des éléphants à l'époque où la Suisse jouissait d'un climat beaucoup plus tempéré que celui qui règne aujourd'hui. Une période de froid amena l'ancienne extension des glaciers qui, descendant le long des vallées, couvrirent la plaine suisse d'un manteau de glace. Les éléphants et les rhinocéros disparurent ; mais le cerf, le renne, le daim, le cochon, le loup, le renard, le castor, le lièvre, dont les os sont mêlés dans les cavernes avec ceux des grands pachydermes, survécurent à la période de froid ; ils repeuplèrent les nouvelles forêts qui envahirent le terrain abandonné par la glace, et plusieurs d'entre eux se sont perpétués jusqu'à nous.

Ce rapide exposé ne donne pas sans doute une idée complète des travaux publiés depuis 1827 par la Société helvétique ; mais nous en avons dit assez pour montrer quels services de pareilles associations peuvent rendre à l'histoire naturelle. En France, nos sociétés de géologie, de botanique et de météorologie sont là pour le prouver. Par la force des choses, par la puissance irrésistible de la

II. — Travaux de la société helvétique des sciences naturelles.

liberté, elles sont devenues le centre d'activité des hommes voués à l'une ou l'autre de ces sciences ; c'est dans leur sein que les questions se discutent et que les problèmes se résolvent : elles sont l'avant-garde des académies et des corps officiels, véritables aristocraties intellectuelles chargées de modérer l'élan du peuple scientifique, mais dépourvues de cette jeunesse et de cette initiative qui ouvrent des voies nouvelles. Les deux genres d'associations sont d'ailleurs également utiles et nécessaires ; elles exercent l'une sur l'autre une influence qui se traduit par les progrès rapides dont nous sommes témoins.

En Suisse, la Société helvétique des sciences naturelles a été le lien des savants éparpillés dans les différents cantons : elle a doublé leurs forces et leur zèle en les mettant directement en contact les uns avec les autres. Les réunions annuelles ont eu lieu successivement dans la plupart des villes de la confédération ; chaque fois l'agitation scientifique a fait naître d'abord la curiosité, puis l'action individuelle ou collective. Le talent, engourdi par la lourde atmosphère des petites villes, s'est réveillé au souffle vivifiant de la science. On connaissait la Suisse pittoresque ; la société, reprenant l'œuvre de Scheuchzer, de Saussure et de Haller, achève le tableau de la Suisse géographique, géologique, botanique et météorologique. Ne se bornant pas à des recherches purement scientifiques, elle a provoqué la réforme monétaire, celle des poids et mesures et fondé quatre-vingt-huit stations météorologiques où l'on observe aux mêmes heures et avec les mêmes instruments. Une commission hydrographique s'occupe du régime des rivières, de la crue des lacs, des causes des inondations, et des moyens de les prévenir. La triangulation de la Suisse, achevée et publiée en 1840, a été refaite en partie et reliée aux travaux géodésiques exécutés dans le duché de Bade et en Italie. Les magnifiques cartes fédérales publiées sous la direction du général Dufour forment un atlas qui restera comme un des monuments cartographiques de notre siècle. C'est encore par l'initiative et grâce à l'appui de la Société helvétique auprès du gouvernement fédéral que cette œuvre aura été conçue, entreprise et terminée. La section de médecine a mis à l'ordre du jour deux grandes questions : les eaux minérales et le crétinisme. Il est peu de sources qui n'aient été analysées, et dont les propriétés médicales ne soient appréciées à leur juste valeur.

Charles Martins

Si les causes du crétinisme sont encore obscures, les moyens de le prévenir et de le guérir ne le sont plus. L'établissement situé sur l'Abendberg, près d'Interlaken, à 1,100 mètres au-dessus de la mer, en a donné la preuve. La constitution d'un grand nombre d'enfants a été transformée ou sensiblement améliorée.

En un mot, la Société helvétique des sciences naturelles a été le centre et l'origine du grand mouvement scientifique dont la Suisse est aujourd'hui le théâtre. Dans le siècle dernier, quelques savants éminents, les Bernouilli, Haller, de Saussure, Bonnet, Deluc, Pictet et Senebier, étaient les glorieux représentants de leur patrie dans les mathématiques, la physique et l'histoire naturelle ; mais la science n'était point universellement cultivée : il y avait des généraux, l'armée n'existait pas encore ; c'est la Société helvétique qui l'a créée. Actuellement il n'est point de village qui n'ait son curieux de la nature. Quand ce n'est pas le médecin, c'est le pharmacien, le pasteur, le maître d'école, et à leur défaut un citoyen auquel ses occupations laissent quelque loisir. L'on peut dire sans métaphore que la Suisse compte autant de naturalistes que de clochers ; mais ce peuple de travailleurs est inégalement répandu à la surface du territoire de la confédération. Si l'on marquait sur une carte les villes, les villages et les hameaux où habitent les membres actifs de la Société helvétique, on verrait ces points s'éclaircir et même disparaître dans les districts catholiques, se multiplier et se resserrer dans les parties protestantes : ainsi Appenzell catholique, Schwitz, Obwalden et Bâle-Campagne (protestant) ne comptent aucun membre dans la société. Les quatre cantons de Genève, Neuchâtel, Bâle-Ville et Zurich sont représentés par 299 sociétaires, tandis que six cantons entièrement catholiques, d'une superficie bien plus grande, et d'une population égale, Lucerne, Zug, Uri, le Tessin, Fribourg et le Valais, n'en comptent que 106. Je n'ai point à rechercher les causes de cette différence, je me borne à la constater. L'Académie des sciences de Paris ne compte que huit associés étrangers ; ce sont les plus grands noms du monde savant, et ce titre est des plus enviés. M. Alphonse de Candolle, publiant les mémoires de son père, a fait dans une note la statistique de ces associés étrangers suivant leur patrie ; il trouve que c'est la Hollande, la Suède et la Suisse qui proportionnellement ont fourni le plus grand nombre d'associés à la classe des sciences de, l'Institut de France, et sa conclusion

II. — Travaux de la société helvétique des sciences naturelles.

mérite d'être citée.[1] « Pour le développement des hommes qui étendent le domaine de l'esprit humain et sortent d'une manière incontestable de la moyenne des savants, il faut la réunion de deux conditions : 1° une émancipation préliminaire des esprits par une influence libérale religieuse, comme la réforme au XVIe siècle, ou philosophique comme la France et l'Italie au XVIIIe ; 2° un état qui ne soit ni l'absolutisme d'un seul, ni la pression et l'agitation d'une multitude. Les grands travaux intellectuels ne s'exécutent ni sous les verrous ni dans la rue. En d'autres termes, et pour abandonner le style figuré, le despotisme n'aime pas les questions abstraites ni l'indépendance d'esprit des savants. La démocratie tient moins à avancer les sciences qu'à les répandre : elle fait du même homme un militaire et un civil, un orateur et un professeur, un magistrat et un homme d'affaires ; obligeant et sollicitant tout le monde à s'occuper de tout, elle arrête le développement des hommes spéciaux. Il est donc naturel que les grandes illustrations scientifiques surgissent principalement dans les époques de transition entre ces deux régimes, l'absolutisme et la démocratie. » Cette conclusion est la mienne ; avec quelques modifications, elle s'applique aussi bien à de petits cantons qu'à de grands états.

J'ai essayé de peindre la physionomie d'une session de la Société helvétique dans une haute vallée de la Suisse. En 1864, à Zurich, cette physionomie ne sera plus la même : elle varie suivant les lieux et les temps. Si j'ai fait naître dans l'esprit de quelques lecteurs l'envie d'assister à l'une de ces réunions, si d'autres se sont convaincus de l'utilité de ces sociétés libres, ouvertes à tous, nomades comme le naturaliste lui-même, mon but est atteint : j'aurai travaillé pour l'avenir.

---

1 *Mémoires et souvenirs d'Augustin Pyramus de Candolle*, publiés par son fils.

www.ingramcontent.com/pod-product-compliance
Lightning Source LLC
Chambersburg PA
CBHW061451180526
45170CB00004B/1654